浪花朵朵

动物请回答：你住哪里？

[法]弗朗索瓦兹·德·吉贝尔　[法]克莱蒙斯·波莱特 著
顾莹 译　浪花朵朵 编译

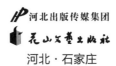

河北出版传媒集团
花山文艺出版社
河北·石家庄

小家鼠

小家鼠生活在世界的各个角落，甚至在海拔 2700 米的地方，也能发现它们的踪迹。
相比故事书中的可爱形象，如果你在厨房里发现了小家鼠，
它们就一点儿也不迷人了，因为它们会啃烂所有东西，而且到处留下黑色的便便。

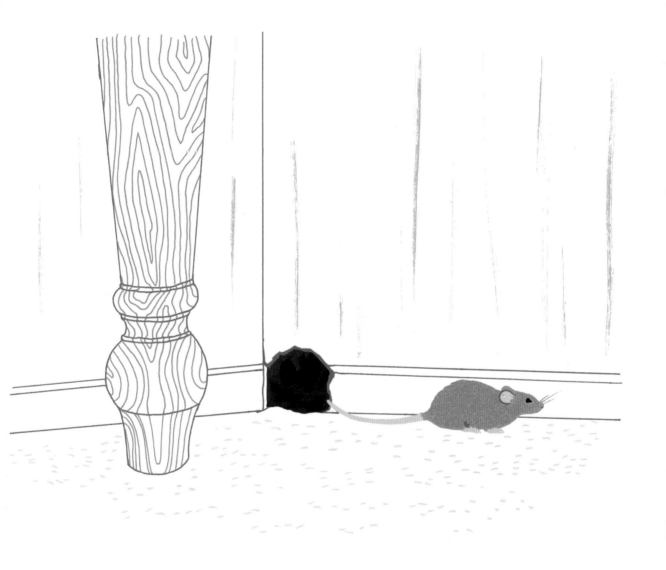

住在洞里

对于小家鼠来说，能够住在人类的房子里可是舒适极了：这里非常温暖，有足够的食物，
还有很多藏身之处。如果有了小宝宝，小家鼠就会在地板下面或者墙上打一个洞，
然后偷一些纸片和碎布放进去，给小宝宝做一个温暖舒适的小窝。

白腹毛脚燕

你见过秋日里站在电线上的燕子吗?
这种候鸟每年都会飞越几千千米到南方过冬。
到了春天,它们再飞回来繁衍后代。

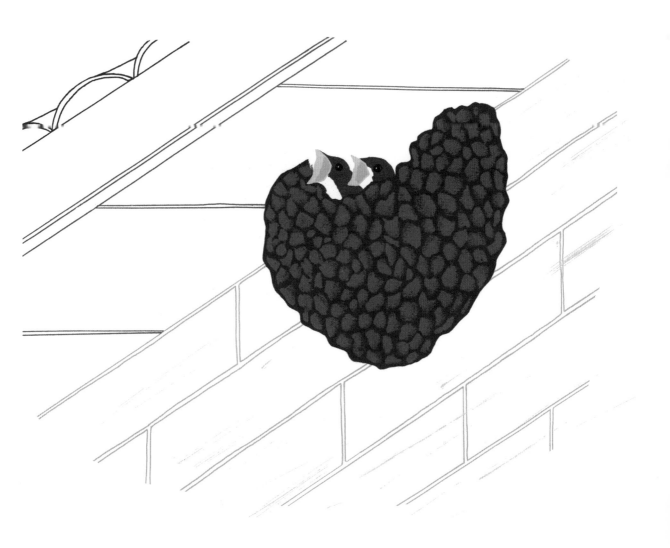

用泥巴筑巢

燕子夫妇会用嘴巴叼一些泥土回来，然后将它们做成一粒粒的泥球粘在屋檐下，
筑一个半球形的鸟巢。为此，它们需要来来回回飞很多次！
如果第二年飞回来时，这个巢还在，它们只需要将它修补一下，就可以入住了。

蜜蜂

在一个蜜蜂群中，最多会有约 8 万只工蜂为一只蜂王服务！工蜂们出生不久后的任务是喂养幼虫，
随着它们慢慢长大，它们的任务会变成筑巢，然后是守卫蜂巢，最后出去采蜜，
成为外勤蜂。在大自然中，蜜蜂大多会把巢悬挂在树枝上。

住在蜂巢里

在法老时期，埃及人就已经开始制作蜂箱来获取蜂蜜了。

蜜蜂们住进蜂箱，然后在里面筑起蜂巢。

蜂巢由无数个六角形的巢房构成，蜜蜂可以在这里喂养幼虫，储存蜂蜜和花粉。

鼹鼠

你见过鼹鼠吗？这种哺乳动物很少在白天活动。
事实上，它们的身体已经适应了地下的生活：眼睛几乎看不见东西，但嗅觉非常灵敏；
身体呈流线型，前脚掌宽大，爪子锋利，适于刨土。

生活在地下

　　鼹鼠会在地下挖出四通八达的洞穴。挖洞时，它们会把洞里的土全部刨出来，
在外面堆成一个个小丘，这经常让园丁们非常生气。为了填饱肚子，它们会吃掉洞里的蚯蚓。
　　每隔大约 3 个小时，鼹鼠就会回到自己的洞里休息，睡在用树叶做的"床"上。

红额金翅雀

红额金翅雀鲜艳的羽毛非常美丽！这是一种小型鸟类，
成年红额金翅雀栖息在灌木丛中。刚出生的小鸟是没有任何防御能力的：
它们没有毛，也不会飞，需要待在安全舒适的鸟窝中。

用草茎做窝

为了保护鸟蛋和幼鸟，鸟妈妈会做一个窝。这真的非常需要耐心！

它会用坚固的草茎编织一个半球形的鸟窝，并在里面铺上柔软的羊毛和苔藓。

在鸟妈妈孵蛋的时候，鸟爸爸会来给它喂食。

金蛛

你认识这种生活在花园里的大蜘蛛吗？金蛛能够吐出 9 种不同的蛛丝，每种都可以杀死微生物，
并且它们非常善于将这些蛛丝编织成网。这种蜘蛛网常出现在高高的草丛中，
形状像几何图形，但它并不是蜘蛛的家，只是它们用来捕捉昆虫的陷阱。

编织茧屋

　为了产卵，金蛛会编织一个完美的茧屋。它将产下的约 400 枚卵放进一个用丝编织的袋子里，然后在袋子外面裹上一层棕色的蛛丝，形成一个保温层，最后再裹上一层沾了自己口水的光滑蛛丝，一个防水的茧屋就做好了。蜘蛛卵在温暖的茧屋里度过冬天，等到春天来了，小蜘蛛也就出生了。

聒噪的喜鹊

你一定注意过这种鸟，因为它们那黑白相间的羽毛和嘈杂的叫声实在是太引人注目了。
有些人说喜鹊是小偷，因为它们总是会被一些闪亮的东西吸引，
并将这些东西叼回自己的巢中。这难道是为了让鹊巢更加漂亮？

筑巢

春天，每对喜鹊夫妇都会在树木的顶端筑巢，用以繁衍、哺育后代。
鹊巢主要由细小的枯树枝筑成，通常上方都有顶盖，这让它们的巢呈卵形。
其他季节里，喜鹊会成群结队地聚集在树枝上睡觉。

qiāng láng

蜣 螂

这种大甲虫真是太笨拙了！一旦躺下，它们就很难翻身。
但是这并没有阻止古埃及人用这种昆虫来代表太阳神"拉"。
春天，它们会在接近地面的地方盘旋，很容易被发现。蜣螂的目的是寻找粪便。

在粪球里产卵

蜣螂夫妇会收集一些新鲜的粪便，然后用前腿将它们做成一个球。

它们滚动粪球，将它推进一个之前就挖好的洞里。随后，蜣螂妈妈便将卵产在粪球里。

幼虫破卵而出后，在粪球里慢慢长大，并以现成的粪便为食。

花园葱蜗牛

花园葱蜗牛有一个漂亮的条纹外壳。

这种动物雌雄同体，所以在交配后，两只蜗牛都会挖一个洞来产卵。

一个月后，小蜗牛破卵而出，那时它就已经长出半透明的薄壳了。

住在蜗牛壳里

慢慢地，蜗牛壳会一点点变厚，像盔甲一样，保护着蜗牛柔软脆弱的身体。

在蜗牛的一生中，它们背上的壳都在不断生长。

天气很热时，它们就用自己的口水封住壳口，从而防止体内水分流失。

xiāo
仓鸮

仓鸮很漂亮，长着白色心形的面庞。它们在夜间活动，
并通过声音抓捕猎物。一只仓鸮每年会吃掉大约 1600 只小型啮齿动物。
仓鸮会将没有消化的骨头和毛发一团团地吐出来，这种东西被人们称作"吐弃块"。

在钟楼上搭窝

仓鸮因喜欢栖息在谷仓里而得名。

为了产卵，它们也会在教堂的钟楼或废弃建筑的阴暗处搭窝，然后将蛋下在一堆吐弃块上。

如果找不到更合适的地方，它们也会在树洞里将就一下。

欧亚红松鼠

不同于老鼠等其他啮齿类动物，松鼠在白天活动。
在树上，它们是真正的杂技高手。松鼠行动起来快如闪电，
还没等你发现，它们就消失不见了。这种本领可以让它们摆脱猫、老鹰或貂的追赶。

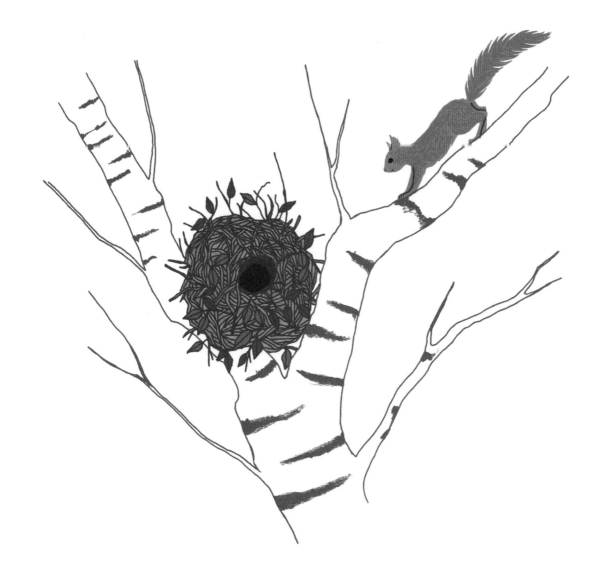

生活在树上

松鼠会在树杈之间做好几个窝。它们将带叶子的树枝编织在一起，在里面铺满草和苔藓。
等到休息时，它们会回到自己的窝里睡觉。如果一个窝里住着小松鼠，松鼠妈妈就会堵住入口。
这样，一旦遇到危险，它就可以抱着整个窝一起跑！

huān

獾

獾是一种非常胆小的动物。它们只在晚上出来活动，只要闻到一丝可疑的气息，
马上就会跑回自己的洞穴中躲起来。獾的趾端长有非常锋利的长爪，是完美的挖土工具。
在挖土时，它们会闭上鼻孔，防止尘土进入鼻子里。

挖洞

　　獾挖洞时会往外刨土，在地上形成一个个小土堆。如果你从未见过这种动物，那你可以去找找这些小土堆，旁边就是獾的洞穴，它们一家常年住在里面。为了保证自己的安全，獾在挖洞时会挖多个入口。它们喜欢生活在舒适的环境里，因此会在洞里铺满干草，并定期更换。

欧洲榛实象

因为有着长长的鼻子，欧洲榛实象的脑袋看上去特别滑稽。但是这个长鼻子非常有用：
雌虫可以用它撬开小榛子嫩嫩的壳，在里面产卵。如果你捡到了生虫的榛子，
那可能就是它们搞的鬼！它们每次会产下约 30 枚卵，分别放在 30 个榛子中。

在榛子里产卵

约 10 天后，幼虫就会破卵而出，之后在榛子里慢慢长大。
榛子不仅为它们提供了食物，还是它们躲避鸟类捕捉的避难所。
当榛子落地时，幼虫就会从里面出来，藏在榛子树脚下度过冬天，直到变成蛹。

大杜鹃

大杜鹃"布谷，布谷"地叫着。
它们的叫声真的太容易辨认了！每年秋天，大杜鹃都会飞到南方过冬。
到了春天，它们再飞回来繁衍后代。

在邻居的窝里下蛋

大杜鹃妈妈脸皮真厚：它会盯上有鸟蛋的鸟窝，在鸟爸爸和鸟妈妈外出时，
偷走其中一个蛋，然后在鸟窝里下蛋替代。小杜鹃一出生，
就把其他的鸟蛋推出窝去，这样自己就会被养父母抚养长大。

红褐林蚁

你或许认识这种林蚁，因为它们的颜色非常特别。
红褐林蚁过着群居生活，在蚁群中，它们各司其职：蚁后在一个特殊的房间里产卵；
工蚁采集食物，照顾蚁后、卵以及幼虫，同时保卫整个蚁群。

住在蚁穴里

红褐林蚁将巢穴建在地下，并用松针造一个巨大的圆顶，用来存储阳光带来的热量，
从而让蚁穴暖和起来。一些兵蚁会在外面放哨，
如果有闯入者，它们就会喷射酸液。一个蚁穴通常可以使用数十年。

松异舟蛾的毛毛虫

这种毛毛虫会排成一列往前爬行。千万不要去触碰它们，
因为它们身上的毛会让你的皮肤发痒！比起松异舟蛾本身，
我们更了解它的幼虫，因为成虫只存活一晚，但它们在死前会产下约 300 枚卵。

编织共用的丝巢

破卵而出后，这些毛毛虫会在松枝间编织一个大大的丝巢。
夜间，它们排着队离巢，顺着松枝啃食松针。当食物不够时，它们会另找树枝，重新织网。
化蛹前，它们会从树上下来，将自己埋入土里。

赤狐

赤狐是狗的表亲，长着漂亮的棕红色皮毛和尖尖的吻。

它们是唯一一种在北极和非洲都有分布的食肉动物。白天，赤狐会随便找一个地方睡觉：

灌木丛里、一堆木头下或废墟里，它们蜷缩成一团，把头埋在毛茸茸的尾巴里。

住在其他动物的洞穴里

赤狐妈妈必须为自己的宝宝找到一个安全的住所，因为小狐狸没有任何防御能力。
它们通常会选择已经挖好的洞穴：比如獾洞，它们会占据最浅的那个支道；
或者兔子洞，但它们不会攻击洞里的兔子。

普通翠鸟

普通翠鸟能像箭一样划过水面。这是一种非常漂亮的鸟类：
背上的羽毛是耀眼的金属蓝色，腹部则是橘色。它们生活在河流、湖泊附近，捕食时，
会猛地扎进水里捕取小鱼。它们独来独往，只有在繁殖季节，翠鸟夫妇才会一起生活。

挖洞

翠鸟夫妇会用嘴巴和爪子在斜坡上挖一个洞，然后在里面产下约 6 颗蛋，并轮流孵化。

小翠鸟出生后，父母会喂养它们一个月。

每天，它们都会排着队在洞里等待投喂。

水蛛

这种约 10 厘米长的蜘蛛生活在清澈平静的水域。

虽然是陆生动物，但是它们也可以长时间生活在水下，并捕食一些水生昆虫和小鱼。

水蛛可以潜水捕鱼，这就是它们的奇特之处！

制作气泡网

水蛛在水生植物之间吐丝结网，并在网下储存气泡，为了补充足够的氧气，
它们要在水中和岸上往返十几次。之后，它们就可以在气泡网中自由地呼吸和蹲守猎物了。
为了过冬，它们会织一个更加防水的气泡网。

欧亚河狸

欧亚河狸是欧洲最大的啮齿动物，它们坚固的牙齿可以啃断一棵树！

为了吃树叶和树皮，它们会爬上陡峭的河岸。

但因为脚掌带蹼，它们在水中会更加舒服。欧亚河狸可以潜入水下 15 分钟。

生活在洞穴里

河狸是群居动物，它们会在河岸上打洞，和家人一起住在里面。

洞穴的入口通常在水下，隐藏在一些树枝后。它们还会在洞穴上方挖一个通风口。

当河里的水位下降时，它们就用树枝在下游建一个水坝，这样水位就会上升，再次遮住洞穴入口。

凤头䴙䴘

这种长着红色眼睛的鸟类喜欢待在湖面上或沼泽地里。

它们是独居动物，只有在繁殖期才成对出现。到时，雌鸟和雄鸟会在水上"舞蹈"：

它们伸长脖子，竖起羽毛，两相对视，并不停地摇头，最后交换礼物——水藻。

搭建漂浮的鸟巢

鹧鹈夫妇会用芦苇茎做一个漂浮在水面上的鸟巢。之后，雌鸟在里面产下约 4 颗蛋，并进行孵化。一个月后，浑身长满羽毛的幼鸟就出生了，它们一出壳就能离开鸟巢生活。鸟宝宝们在水里游泳，游累了就在父母的背上休息。

^{nián}

北美鲇

这种鱼原产于北美洲，喜欢在夜间活动。它们适应性强，能够在炎热和氧气稀薄的水中生存。
1871 年，法国国家自然历史博物馆引进了几条北美鲇，
但是它们顺着下水道一直游到了塞纳河，此后这种鱼就遍布法国各地了。

做窝

大多数鱼类产完卵后就消失不见了。北美鲇则不同，它们会一棵棵地清除水草，
在水底打扫出一块地方做窝，然后雌鱼就在这个简陋的窝里产下约 500 枚卵。
在接下来的 10 天里，鲇鱼夫妇会一直保护这些卵，直到小鱼出生。

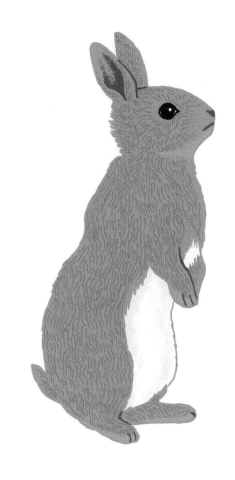

穴兔

在中世纪初期，欧洲只有西班牙有穴兔。于是西班牙人就建立了养兔场，
对穴兔进行半自由式养殖。后来，这种养殖方式在欧洲传播开来。
一些穴兔从养兔场逃走，在野外形成了野生穴兔群。

在地下挖穴

养兔场里分布着一个大型的兔穴网络。兔穴主要由雌兔开挖，只要有小兔子出生，
兔妈妈就会新添一个洞。洞里非常干净，它们绝不会在里面大小便。
白天，它们在洞里睡觉，晚上则从其中一个出口出来活动。

胡蜂

胡蜂有着黑黄相间的身体和纤细的腰，非常好辨认。如果有胡蜂飞到你的食物中，千万不要惊慌！
它们只是被糖和肉吸引了，并不会蜇你。只有在感到危险时，它们才会蜇人。
一个胡蜂群里约有 5000 只胡蜂，但除了蜂王，它们几乎都会在冬天死去。

用木浆筑巢

越冬后，蜂王独自开始筑巢。它将木头纤维嚼碎，与自己的唾液混合，制作出木浆，
然后用木浆做出约 20 个小巢房，并在里面产卵。
蜂王会照顾第一批出生的工蜂，蜂群壮大后，这些工蜂会扩建蜂巢。

欧洲野兔

欧洲野兔耳朵很长，看上去和穴兔有点像。事实上，这两种兔子原本就是表亲，
只是野兔的体形更加瘦长。但它们的生活方式却截然不同：野兔是独居动物，
会在广阔的土地上自由奔跑；小野兔一出生就能睁眼，身上也长满了毛，并且行动灵巧。

蹲伏在浅坑中

野兔不会在地下挖穴，它们通常蹲伏在田野中间或灌木丛下的某个浅坑中，
那就是它们的窝。虽然它们的头和背部会露在窝外，
但是这个简陋的坑足以保证安全，因为它们待在里面一动不动，很难被看见。

菊头蝠

这种蝙蝠的鼻子像马蹄一样，
还有一对大大的耳朵，这些都是它们捕猎的工具。
在黑暗中，它们从鼻孔（而不是嘴巴）里发出超声波，通过回声准确地定位猎物和障碍物。

藏在岩洞里

菊头蝠喜欢待在阴暗潮湿的地方。

岩洞、矿井或者地道对它们来说都是绝佳的住所，它们会在里面集体冬眠。

在休息时，它们会倒立着悬挂在空中，同时用翅膀将自己包裹起来。

金雕

这种巨大的猛禽通常象征着力量，古罗马人尤其尊崇它：
他们将一只展翅的金雕绘在军旗上，作为军队的标志。金雕是天空中的王者，
它们的翅膀展开有 2 米多长，视力比人类好 8 倍左右，是优秀的空中猎手。

在悬崖上筑巢

金雕夫妇会在悬崖峭壁上精心挑选一个地方，这个地方既要阳光充足，
又要能避风，最重要的是难以接近，然后用树枝在这里筑巢。
小雕在出生约 10 周后离巢，开始尝试第一次飞翔。

"泥瓦匠"狼蛛

世界上有很多种狼蛛，其中欧洲的狼蛛比热带地区的体形更小。

法国也有狼蛛，它们多出现在比利牛斯山附近，

体长 1.5 厘米左右。狼蛛多以小昆虫为食。

建造土洞

这种蜘蛛并不织网，而是在地上挖一个圆柱形的洞。

它们会用一个小圆"门"封住洞口，再用丝在"门"和洞口之间做一个连接点，让"门"能自由地开合。

夜晚，它们半开着"门"，把脚支在外面，当猎物靠近时，就立刻扑上去。

阿尔卑斯旱獭
^{tǎ}

这种旱獭出现于冰河时代的法国布列塔尼地区，目前生活在欧洲中部和南部的山区。从春天到秋天，它们都很活跃。它们会在睡觉间隙起来取食，吃草、水果或者昆虫，进食时一直保持警惕。狐狸和金雕是它们的天敌。

在地下挖洞

为了抵御严寒，旱獭会冬眠。冬眠前，它们会囤积脂肪。

十月一来临，它们就会堵住洞口，成群聚集在洞穴深处一个叫"冬眠房"的地方，一直睡约 200 天。

冬眠时，它们的体温会从 38 摄氏度降到 5 摄氏度。

黑啄木鸟

"嗒嗒嗒……"是谁在森林里敲敲打打？大大的黑啄木鸟竖起尾巴，
将爪子嵌进树皮，用尖尖的嘴巴不停敲打着树木，每分钟能敲 150 多次。
虽然连续撞击会带来巨大的冲击力，但它们的嘴巴和脑袋都已经适应了。

在树上凿洞筑巢

黑啄木鸟夫妇会在树干上凿洞筑巢。这是个艰巨的任务：需要付出一个月左右的努力，以及超过 10 万次的敲打！它们的窝约有 50 厘米深，非常防水，经常会被其他鸟类或胡蜂抢走，所以即使没有产卵，它们也会时刻看守着自己的窝。

棕熊

在法国，这种大型哺乳动物已经变得很稀有了，只在比利牛斯山出现。
棕熊是独居动物，只有在繁殖期，才会寻找配偶。它们很喜欢待在森林里，晚上会外出走动。
秋天，它们会摄取大量食物来为冬眠做准备。

睡在洞穴里

冬天来临时，棕熊会在洞穴里冬眠。洞穴和它们的身体差不多大，它们会在里面铺上一层树叶。

大雪后，积雪封住洞口，使棕熊避免了热量的流失。

小棕熊在隆冬时节出生，之后熊妈妈会在洞里照顾它们 3 个月。

寄居蟹

这种甲壳动物生活在海边的岩石缝里。它们拥有像螃蟹一样的外壳，保护着腿和头部，
但是柔软的腹部却暴露在外面。因此，为了不轻易被其他动物捕食，
它们必须找到一个坚固的藏身之处：蛾螺壳或滨螺壳。

寄居在空螺壳里

寄居蟹的后腿能牢牢地抓住螺壳，
大大的前爪则可以让它们拖着自己的"房子"在沙滩上前行，并阻止其他动物进入。
随着慢慢长大，它们会根据自己的体形更换较大的新螺壳。

chēng
竹蛏

如果你在潮湿的沙滩上看见一个 8 孔形状的小洞，它下面一定藏着这种软体动物。
竹蛏的长壳两端开口，不能像蛤蜊或贻贝那样把海水留在壳内。
因此，为了在退潮时不被晒干，它们需要待在阴冷潮湿的地方。

嵌进沙子里

为了在沙子里打洞，竹蛏需要不断伸缩自己的"脚"，而它们光滑的壳很容易嵌进沙子里。

涨潮时，它们利用身上的水管过滤海水，获取水中的食物。

有时，为了更换栖息地，它们也会笨拙地游来游去。

火烈鸟

这种大型鸟类因为捕食小虾而全身呈淡粉色。

它们会用自己的喙兜住食物，就像鲸鱼过滤水中的浮游生物一样。

春天，几千只火烈鸟会聚集在地中海沿岸的盐池中，吵吵嚷嚷地筑巢。

筑巢

火烈鸟不会用树枝编织漂亮的鸟窝。繁殖时，雌鸟会在山丘状的巢中产下 1 颗蛋。

如果它们聚集的地方有许多岩石，它们就用石头来筑巢。

雄鸟和雌鸟轮流孵蛋，约 30 天后，小火烈鸟就出生了。

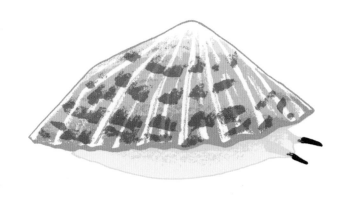

帽贝

这种贝壳的形状像一顶草帽。它们紧紧地吸附在岩石上，你甚至无法将它们拿下来。
但是涨潮时，海水会将它们淹没，
这时它们就从岩壁上脱落，缓慢地滑行，并取食水中的微藻。

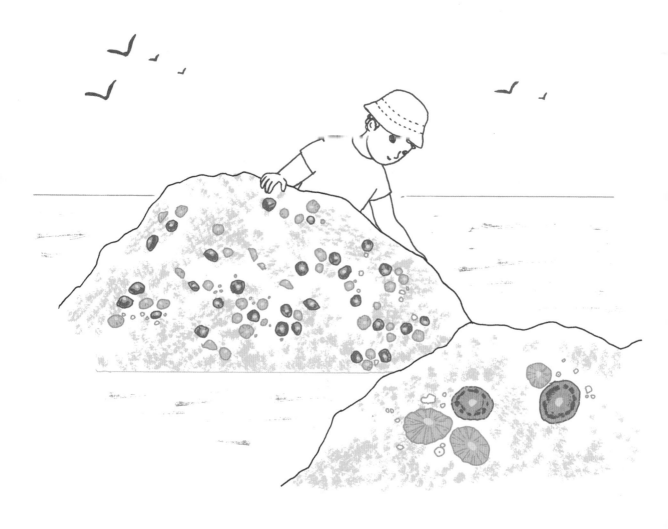

贴着岩石生活

退潮后，帽贝通常会回到原来待着的地方，因为它们的壳可以和那里的岩壁完美贴合。

帽贝结实的肌肉紧紧地吸附在岩石上，

从而防止壳内的海水流出，避免在退潮后脱水。

小丑鱼

你一定认识这种长着白色条纹的橘黄色小鱼。

但是你知道吗？在印度洋的热带水域中，生活着 30 多种不同颜色的小丑鱼。

通过特殊的保护，小丑鱼可以生存 10 年左右。

藏在海葵中

海葵的触手含有毒素，可以麻痹和捕获小鱼，并将它们送入口中。
但是小丑鱼却不会被这种毒素伤害，海葵因此成了它们安全的港湾。
作为交换，小丑鱼会帮海葵清理身上的寄生虫，还会把吃剩的食物留给它们。

缎蓝园丁鸟

这种鸟生活在澳大利亚。雄鸟的羽毛是光亮的靛蓝色，眼睛是漂亮的紫色。
它们可以发出多种鸣叫声，也能模仿其他鸟类和人类的声音。
雄鸟在求偶时表现得很夸张，它们会奔跑、跳跃、拍打翅膀。

装饰求偶亭

为了吸引雌鸟，雄鸟会用干草和树枝建造一个漂亮的求偶亭，
然后把它们四处搜集的各种各样的东西，精心装饰在亭子的周围。
它们尤其喜欢蓝色的装饰物：蓝色的瓶盖、吸管、弹珠、羽毛等。

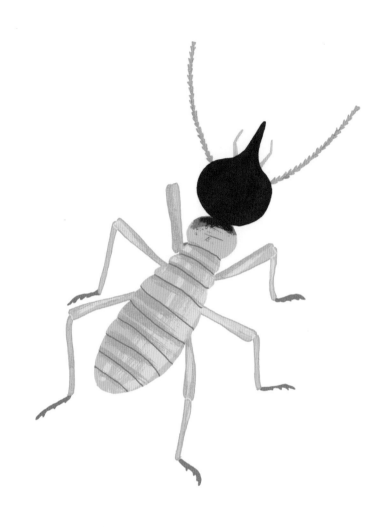

白蚁

世界上有 3000 多种白蚁。这种群居性的昆虫通常生活在阴暗的地方。
在欧洲，它们能在枯木中挖出无数的蚁道，甚至能蛀塌一栋房子。
生活在热带地区的白蚁能挖掘地下土壤建造一个几米高的蚁巢。

建造白蚁山

澳大利亚的罗盘白蚁建造蚁山作为自己的巢穴。

这种白蚁山高约 2 米，很大但不太厚。白蚁会根据方向来筑巢，

让白蚁山可以在早晚阳光较弱时吸收热量，在正午时则避开阳光的直晒。

群居织巢鸟

这是一种来自非洲南部的小型雀类，它们通常生活在一个有着几百只鸟的鸟群里。
它们很活泼，会贴着地面飞行，寻找昆虫和植物种子。
雌鸟在繁殖期会下好几窝蛋，但就算有足够的食物，最多也只有 4 只幼鸟能存活。

搭建巨大的鸟巢

它们通常在槐树的树顶或电线杆的顶端筑巢。
鸟巢由许多小隔间构成，只要有幼鸟出生，它们就会扩建鸟巢。
它们的巢就像一个大型的住宅小区，里面有几百间公寓！

织叶蚁

这种蚂蚁主要分布在非洲、印度和澳大利亚等热带地区。
它们通常生活在有着几万只蚂蚁的蚁群中。
它们的腿很长，脚上有爪子和小吸盘，非常适合在树上生活。

在叶子上筑巢

为了在大大的叶子上筑巢，工蚁们会分工合作。
它们先将叶子边缘往里拉，把整片叶子对折，然后其中一些工蚁用下颚将叶子两边固定住，
另外一些则用幼虫吐的丝将叶片牢牢地粘在一起。

黑猩猩

这种类人猿生活在非洲茂密的森林里。它们过着群居生活，
通常在地面或树上行动，以水果、树叶为食，有时也会吃一些小动物。
为了与同伴们保持沟通，它们会发出高低不同的声音，做出不同的表情和肢体动作。

用树枝做窝

为了过夜或白天休息，黑猩猩会在离地面 5~25 米高的树上搭窝。

它们把树上的树枝折弯，然后穿插在一起，铺搭在树杈之间做成简易的窝。

在一个群体中，所有黑猩猩都会在半个小时内搭好一个窝，但每次搭的窝只使用一次。

北极熊

为了适应北极的极寒环境，北极熊做好了武装：它们的爪子可以抓住冰面，
厚厚的脂肪和皮毛能够抵御严寒。因此，它们在冰面上也能像在水中一样自如地捕食海豹。
如今，气候变暖和浮冰融化对北极熊构成了威胁。

在积雪中挖洞

冬天，雌北极熊会在积雪中挖一个洞。如果洞口被雪封住，洞里的温度就会维持在零摄氏度左右。
之后，它们进入半冬眠状态，它们的身体则从储存的脂肪中汲取能量。
在这期间，它们通常会生下两只体重不到 1 千克的小北极熊。熊妈妈会一直在洞里待到三月份。

帝企鹅

在南极洲的冰原上，这种体形较大的企鹅总是迈着小碎步前进。
它们厚厚的羽毛可以抵御严寒，它们也会非常仔细地清理自己的羽毛。
当风速超过 140 千米 / 时，它们会挤在一起防风御寒。

用自己的身体孵蛋

帝企鹅是在南极冬天零下 60 摄氏度的温度下繁殖的。
雌企鹅用尾巴接住自己下的蛋,然后将它交给雄企鹅。企鹅蛋一定不能碰到地面,否则就会被冻住。
雄企鹅会把蛋托在双脚上,并藏在腹下的育儿袋里进行孵化。

图书在版编目（CIP）数据

动物请回答. 你住哪里？ / （法）弗朗索瓦兹·德·
吉贝尔，（法）克莱蒙斯·波莱特著；顾莹译；浪花朵
朵编译. -- 石家庄：花山文艺出版社，2020.10
ISBN 978-7-5511-0132-5

Ⅰ . ①动… Ⅱ ①弗… ②克… ③顾… ④浪… Ⅲ .
①动物－少儿读物 Ⅳ . ①Q95-49

中国版本图书馆CIP数据核字(2020)第166985号
冀图登字：03-2020-074

First published in France under the title:
Dis, où tu habites?
By Françoise de Guibert and Clémence Pollet
© 2017, De La Martinière Jeunesse, a division of La Martinière Groupe, Paris,
Current Chinese translation rights arranged through Divas International, Paris
巴黎迪法国际版权代理（www.divas-books.com）

本书中文简体版权归属于银杏树下（北京）图书有限责任公司

书　　名：**动物请回答：你住哪里？**
　　　　　DONGWU QING HUIDA NI ZHU NALI
著　　者：［法］弗朗索瓦兹·德·吉贝尔　　［法］克莱蒙斯·波莱特
译　　者：顾　莹　　　　　　　　　　　　编　　译：浪花朵朵

选题策划：北京浪花朵朵文化传播有限公司　　出版统筹：吴兴元
编辑统筹：冉华蓉　　　　　　　　　　　　　责任编辑：温学蕾
责任校对：李　伟　　　　　　　　　　　　　特约编辑：陆　叶
美术编辑：胡彤亮　　　　　　　　　　　　　营销推广：ONEBOOK
装帧制造：墨白空间·严静雅
出版发行：花山文艺出版社（邮政编码：050061）
　　　　　（河北省石家庄市友谊北大街330号）
印　　刷：雅迪云印（天津）科技有限公司　　经　　销：新华书店
开　　本：889毫米×1194毫米　1/24　　　　印　　张：4
字　　数：50千字
版　　次：2020年10月第1版
　　　　　2020年10月第1次印刷
书　　号：ISBN 978-7-5511-0132-5　　　　　定　　价：49.80元

读者服务：reader@hinabook.com 188-1142-1266
投稿服务：onebook@hinabook.com 133-6631-2326
直销服务：buy@hinabook.com 133-6657-3072
官方微博：@ 浪花朵朵童书